BEI GRIN MACHT SICH IHR WISSEN BEZAHLT

- Wir veröffentlichen Ihre Hausarbeit, Bachelor- und Masterarbeit

- Ihr eigenes eBook und Buch - weltweit in allen wichtigen Shops

- Verdienen Sie an jedem Verkauf

Jetzt bei www.GRIN.com hochladen und kostenlos publizieren

Bibliografische Information der Deutschen Nationalbibliothek:

Die Deutsche Bibliothek verzeichnet diese Publikation in der Deutschen National-bibliografie; detaillierte bibliografische Daten sind im Internet über http://dnb.d-nb.de/ abrufbar.

Impressum:

Copyright © 2015 GRIN Verlag, Open Publishing GmbH
Druck und Bindung: Books on Demand GmbH, Norderstedt Germany
ISBN: 978-3-668-06313-6

Dieses Buch bei GRIN:

http://www.grin.com/de/e-book/308150/knowledge-spillover-als-wettbewerbsvorteil-wissenstransfer-an-der-universitaet

Hilke Räuschel

Knowledge spillover als Wettbewerbsvorteil. Wissenstransfer an der Universität Potsdam

GRIN Verlag

GRIN - Your knowledge has value

Der GRIN Verlag publiziert seit 1998 wissenschaftliche Arbeiten von Studenten, Hochschullehrern und anderen Akademikern als eBook und gedrucktes Buch. Die Verlagswebsite www.grin.com ist die ideale Plattform zur Veröffentlichung von Hausarbeiten, Abschlussarbeiten, wissenschaftlichen Aufsätzen, Dissertationen und Fachbüchern.

Besuchen Sie uns im Internet:

http://www.grin.com/

http://www.facebook.com/grincom

http://www.twitter.com/grin_com

3

Inhaltsverzeichnis

1. Einleitung 4

2. Wissenstransfer – theoretische Grundlagen 5

2.1 Definition Wissenstransfer 5

2.2 Art des Wissens und Transfer 7

2.3 Dimensionen des Wissenstransfers 8

2.4 Wissenstransfer und Transferkanäle 8

2.5 Determinanten des Wissenstransfers 10

2.6 Externe Effekte und Wissensspillover 13

2.7 Kritik an der Spillovertheorie 15

3. Empirisches Beispiel: Universität Potsdam – Fusion des Wissenstransfers 16

3.1 Einleitung 16

3.1 Forschung, Wissenschaft und Lehre 16

3.3 Wirtschaft und Transfer 17

3.4 Aus Sicht der externen Unternehmen 19

3.5 Fazit aus dem empirischen Beispiel 20

4. Schluss 22

Anhang 24

Literaturverzeichnis 24

Internetquellen 25

1. Einleitung

Wissen ist in der heutigen Zeit eine notwendige Voraussetzung zur Wettbewerbsfähigkeit für Unternehmen und Regionen. Wissen scheint seinen eigenen Markt zu bilden und wie ein Netz im globalen Wettbewerb die ganze Welt zu umspannen. Die Bedeutung des Wissenstransfers ist dabei eklatant groß, wenn man berücksichtigt, dass Wissen lokal entsteht, es aber schafft sich global auszubreiten.

Selbst das fehlerhafte Verhalten anderer kann Probleme lösen und den wirtschaftlichen Strukturwandel unterstützen.

Diese Arbeit soll die Wichtigkeit von Wissenstransfer in Zeiten zunehmenden internationalen Standortwettbewerbs herausstellen. Dazu nimmt sie sich zunächst der Erklärung des Begriffs und seiner Dimensionen an. Wie wird der Wissenstransfer gesteuert und wie beeinflusst die Aktivität des Wissensgebers die Transaktion? Was beeinflusst die Effektivität und die Kosten des Transfers? Zur Beantwortung der Fragen bietet es sich an die Absorptionstheorie hinzu zu ziehen und mit der Theorie der Wissensspillover die theoretischen Grundlagen abzuschließen.

Schließlich wird ein empirisches Fallbeispiel folgen, welches einen problemorientierten Ansatz zum Ausbau der Marktanteile im starken Wettbewerb darstellt: die Vernetzung der Akteure im Innovationsbereich.

Die Innovationsaktivitäten der Unternehmen haben zwar eine relevante Rolle, da sie Innovationen am Markt durchsetzen. Jedoch sind überhaupt die Universitäten die Ausgangspunkte des neuen Wissens. Dort sind im hohem Maße die Komponenten Wissen, Idee und Motivation vorhanden und bilden eine starke Innovationskultur. Die Universität Potsdam ist eine Art Fusion aus dem universitätsinternen Gründer- und Transferzentrum, aus der gemeinnützigen Tochtergesellschaft der Universität und mit rein marktwirtschaftlich agierenden Unternehmen eingegangen. Dieser Fall zeigt die verschiedenen Arten und Dimensionen von Wissenstransfer auf. In welchem Maße sind die Institutionen miteinander verbunden? Welche Strukturen dienen hier der Ausschöpfung dieses Innovationspotentials? Die Arbeit soll einen Ausblick auf die Effekte, Auswirkungen und Entwicklungstendenzen einer solchen Zusammenarbeit eröffnen.

5

2. Wissenstransfer – theoretische Grundlagen

2.1 Definition Wissenstransfer

Mit Wissenstransfer meinen LIEFNER und SCHÄTZL „den grenzüberschreitenden Transfer zwischen Partnern mit unterschiedlichem Wissensstand."[1] Nach BACKHAUS ist „allen Definitionen [gemein], dass es sich um einen Übertragungsmechanismus zwischen einer oder mehreren gebenden und empfangenden Personen oder Organisationen handelt."[2]

Wichtig ist dabei die Unterscheidung des Transfermechanismus, der in „personifizierte und nicht-personifizierte Übertragungsobjekte"[3] separiert wird. Nicht-personengebundene Objekte können Dokumentationen, wie Berichte, technische Geräte und Vorrichtungen sein. Im Gegensatz dazu sind Wissen, Erfahrungen und Fähigkeiten abhängig von ihren Trägern und für die Innovationseffektivität außerdem sehr bedeutend.[4] Deswegen ist „Eine besonders effiziente Form des Übertragens von Wissen [...] der gezielte Personaltransfer."[5]

Weiterhin lässt sich Wissenstransfer differenzieren je nach dem zu transferierenden Gegenstand in Forschungstransfer, Technologietransfer und Wissenstransfer.[6] Forschungstransfer bedeutet, dass das transferierte Wissen erst nach vorangegangener Forschung entstanden ist oder weiterentwickelt wurde. Der Transfer von technischem Investitionsgut zählt ebenso als Transfer von Wissensgut, da es technisches Wissen enthält und dieses Einfluss auf den Wissensstand des Empfängers oder Käufers haben kann. Der Transfer von organisatorischem Wissen oder Erfahrungswissen wird hingegen unter dem allgemeineren Begriff Wissenstransfer eingeordnet. Er „beinhaltet den Transfer von impliziten Wissen und das Kommunizieren von Intuition."[7] In diesem Zusammenhang sind Face-to-Face-Kontakte ein entscheidender Faktor. Dieser Wissen-

---

[1]: I. Liefner / L. Schätzl, 2012: Theorien der Wirtschaftsgeographie, S. 154.

[2]: A. Backhaus, 2000: Öffentliche Forschungseinrichtungen im regionalen Innovationssystem: Verflechtungen und Wissenstransfer – Empirische Ergebnisse aus der Region Südostniedersachsen, S. 20.

[3]: ebd.

[4]: vgl. ebd.

[5]: ebd., S. 21.

[6]: vgl. M. Hagen, 2006: Wissenstransfer aus Universitäten als Impulsfaktor regionaler Entwicklung: ein institutionenökonomischer Ansatz am Beispiel der Universität Bayreuth, S. 83.

[7]: R. Li-Hua, 2004: Technology and Knowledge Transfer in China, S. 51-56, zit. n. Ingo Liefner, Ausländische Direktinvestitionen und internationaler Wissenstransfer nach China, 2006, S. 49.

stransferbegriff lässt sich wiederum in seine Funktionen unterteilen, sodass man Informationstransfer, Personaltransfer und Sachmitteltransfer erhält (siehe Tabelle 1).[8]

Informationstransfer

Instrumente:
Informationsbroschüren
Forschungsberichte
Fachzeitschriften/Veröffentlichungen
Datenbanken
Messen/Ausstellungen
Vorträge/Veranstaltungen
Seminare (speziell: Weiterbildung)
Forschungsprojekte
Beratung (speziell für Unternehmensgründung)
Wiss. Gutachten/Prüfungszeugnisse

Personaltransfer

Instrumente:
Einstellung auf Dauer
Einstellung auf Zeit
Forschungsprojekte
Studien-/Diplomarbeiten

Sachmitteltransfer

Instrumente:
Forschungsprojekte
Studien-/Diplomarbeiten

Tabelle 1:Wissenstransfer aus funktionaler Sicht. Quelle: eigene Darstellung in Anlehnung an S. KUTTRUFF, 1994: Wissenstransfer zwischen Universität und Wirtschaft. Modellgestützte Analyse der Kooperation und regionale Strukturierung – dargestellt am Beispiel der Stadt Erlangen, S. 41.

---

[8]: vgl. M. Hagen, 2006: Wissenstransfer aus Universitäten als Impulsfaktor regionaler Entwicklung: ein institutionenökonomischer Ansatz am Beispiel der Universität Bayreuth, S. 93ff.

Der Transfer von Wissen ist an bestimmte Motivationen geknüpft. Neben dem schlichten Publizieren und Erzeugen von Humankapital, stehen auch das Generieren von Innovationen und damit einhergehend ökonomische Interessen im Vordergrund, sowie Wissenschaftsdialoge, z.B. mittels Verflechtungen in Kooperationen und persönliche Kontakte.

Manche Definitionen erzeugen einen einseitigen, linearen Eindruck von der Wissensübertragung und vernachlässigen den Aspekt des wechselseitigen Austauschs. Wissenstransfer kann also ebenso komplementär sein. Auch wird häufig hingestellt, dass der Transfer in Richtung des Unternehmens gänzlich aus technologischem Wissen bestehe, was allerdings für Innovationsprozesse zu einseitig und hinderlich wäre.[9]

2.2 Art des Wissens und Transfer

Es spielt eine entscheidende Rolle, was für eine Art von Wissen transferiert wird, da es die Höhe der entstehenden Kosten reguliert. Wenn „[…] es sich beim Wissenstransfer um die Übertragung einer überlegenen Praxis bzw. Routine der innerbetrieblichen Wissensnutzung handelt"[10], wird das teuer!

Im Gegensatz zu Investitionsgütern, ist nicht-physisches Wissen (Organisation, Betrieb, Qualitätskontrolle und Produktionsabläufe etc.) mit hohen Kosten verbunden. Der Grund dafür liegt in der zwischenmenschlichen Kommunikation, die für die Übergabe von Wissen effektiv sein muss und auf persönlichen Kontakten und somit auf räumliche Nähe beruht.[11] Die Frequenz und die Intensität des Kontaktes, sowie die Entfernung zwischen Wissenssender und -empfänger sind maßgeblich für die Höhe der Kosten. Innerhalb eines Landes ist daher ein Wissenstransfer günstiger als ein internationaler.[12] Die Routinen von Personen oder Gruppen sind häufig als implizites Wissen gespeichert, was die Weitergabe dieser Praktiken weiter erschwert, da sie im Können des Wissensträgers oder der Wissensträgerin verankert sind und an den Körper gebunden sind. „[...] the creation of new ideas based on tacit knowledge cannot easily be transferred across distance."[13] Schließlich muss das Wissen vor dem Transfer kodifiziert werden,

---

[9]: vgl. A. Backhaus, 2000: Öffentliche Forschungseinrichtungen im regionalen Innovationssystem: Verflechtungen und Wissenstransfer – Empirische Ergebnisse aus der Region Südostniedersachsen, S. 20.

[10]: Liefner / Schätzl, 2012, S. 156.

[11]: vgl. K. J. Arrow, 1969: Classification Notes on the Production and Transmission of Technological Knowledge, In: The American Economic Review 59, S. 29-35, hier S. 32-43; vgl. Liefner / Schätzl, 2012, S. 155.

[12]: vgl. ebd., S. 34; vgl. Liefner / Schätzl, 2012, S. 155.

[13]: G. L. Clark / M. P. Feldman / M. S. Gertler (Hrsg.), 2009: The Oxford Handbook of Economic Geography, S. 342.

sprich in eine allgemein verständliche Sprache übertragen werden, damit der Wissensempfänger dieses in seinen bisheriges Wissensrepertoire integrieren kann.[14] „It may be that firms and agents are learning how to shift tacit knowledge to information in some situations, thus reducing the importance of geographic proximity."[15]

Die Vermittlung des Wissens hängt also von den Dokumentationsfähigkeiten des Wissenssenders und von dem Erfahrungswissens des Empfängers ab. VON HIPPEL beschreibt mit „Klebrigkeit" (*Stickiness*), wie stark Wissen an einen Ort gebunden ist und was für ein finanzieller Aufwand dazu nötig ist es zu transferieren. Ortsgebundenes Wissen wird somit zu klebrigem Wissen (*Sticky Knowledge*).[16]

2.3 Dimensionen des Wissenstransfers

Der Gegenstand des Wissenstransfers besteht nach HOWELLS aus zwei Dimensionen, die sich überlagern. Es gibt die organisatorische Dimension, die in den Fokus nimmt zwischen welchen Akteuren der Transfer stattfindet und nennt dabei den Intrafirmentransfer (innerhalb eines Betriebes oder Unternehmens), den Interfirmentransfer (zwischen Unternehmen) und den Interorganisationen- oder Interinstitutionentransfer (zwischen Unternehmen und anderen Organisationen).[17] Die räumliche Dimension unterscheidet zwischen einem intraregionalen, interregionalen oder internationalen Wissenstransfer.

2.4 Wissenstransfer und Transferkanäle

Wissenstransfers können formell oder informell organisiert sein. Die Unterscheidung in Transferkanäle vermittelt die Steuerungsform (marktgesteuert oder nicht) und die Aktivität des Wissensgebers (aktiv oder passiv) (siehe Abb. 1). In der Praxis lassen sich jedoch die einzelnen Kombinationserscheinungen nicht immer leicht voneinander abgrenzen.[18]

---

[14]: vgl. K. J. Arrow, 1969, S. 34; vgl. Liefner / Schätzl, 2012, S. 155.

[15]: G. L. Clark / M. P. Feldman / M. S. Gertler (Hrsg.), 2009: The Oxford Handbook of Economic Geography, S. 344.

[16]: vgl. E. von Hippel, 1994: »Sticky Information« and the Locus of Problem Solving: Implications for Innovation, In: Management Science 40, S. 429-439; vgl. Liefner / Schätzl, 2012, S. 156.

[17]: vgl. J. Howells, 1996: Tacit Knowledge, Innovation and Technology Transfer, In: Technology Analysis & Strategic Management 6, S. 91-106, hier S. 95; vgl. Liefner / Schätzl, 2012: Theorien der Wirtschaftsgeographie, S. 153.

[18]: vgl. S. Lall, 1993: Promoting Technology Development: The Role of Technology Transfer and Indigenous Effort, In: Third World Quarterly 14, S. 95-108, hier S. 95; M. Blomström / A. Kokko, 2001: Foreign Direct Investment and Spillovers of Technology, In: International Journal of Technology Management 22, S. 435-

Mit dem marktgesteuerten Wissenstransfer ist in der Regel immer eine geldliche Gegenleistung verbunden, bei nicht marktgesteuerter selten bis gar nicht. Aktive Wissensgeber können die Anwendung ihres Wissens beim Wissensempfänger kontrollieren, im Gegensatz zu passiven Wissensgebern.[19]

Abb. 1 Kanäle des Wissenstransfers[20]

vgl.

	Aktive Wissensgeber	Passive Wissensgeber
Marktge-steuert	Direktinvestitionen, Lizenzvergabe, schlüsselfertige Fabriken, technische Beratung, Export kunden-spezifischer Maschinen	Export von nicht kunden-spezifischen Maschinen
Nicht Marktge-steuert	Technische Hilfe für Kunden oder Zulieferer unabhängig von Kaufauf-trägen	Kopie, Imitation, Reverse Engineering, Marktbeobach-tung, Auswertung von Publikationen und technischen Anleitungen

Eigene Darstellung nach *L. S. Kim*, 1991, S. 224; *I. Liefner*, 2006, S. 51

Liefner / Schätzl, 2012, S. 154.

Zelle 1: Bei dem aktiven, marktgesteuerten Wissenstransfer springen für den Wissensge-ber Gewinne seiner Tochterfirma aus dem Ausland heraus oder der Verkauf von kundenspezi-fischen Investitionen (Bsp. schlüsselfertige Fabriken, Maschinen, technische Beratung), Ein-nahmen aus Lizenzvergaben etc.

Zelle 2: Hingegen beim marktgesteuerten, aber passivem Wissenstransfer geschieht die Gegenleistung aus dem Verkauf von nicht kundenspezifischen Investitionsgütern (Bsp. stand-artisierte Maschinen).

Zelle 3: Nicht marktgesteuerter, aktiver Transfer bieten dem Wissensgeber höchstens auf

---

454, hier S. 439; vgl. Liefner / Schätzl, 2012, S. 154.

[19]: vgl. L. S. Kim, 1991: Pros and Cons of International Technology Transfer: A Developing Country's View, In: Agmon, T., von Glinow, M. A. (Hrsg.): Technology Transfer in International Business. New York, S. 223-239, hier S. 223-224; vgl. Liefner / Schätzl, 2012, S. 154.

20

10

lange Sicht daraus finanzielle Erträge, da aus der jetzt investierten Leistung ein späteres erfolgreiches Geschäft hervorgehen kann (Bsp. technische Hilfe für potentielle Geschäftspartner unabhängig von Aufträgen).

Zelle 4:   Ist der Wissenstransfer nicht marktgesteuert und nicht aktiv, handelt es sich um Produktimitationen und den Nachbau von existierenden Produkten durch andere Unternehmen.[21]

Wahrscheinlich bestehen die weltweiten qualitativ und quantitativ bedeutendsten Wissensströme aus vor allem marktgesteuertem Wissenstransfer. Im Vordergrund stehen dabei hauptsächlich Direktinvestitionen[22] und Investitionsgüter[23]. Der weltweite Wissenstransfer lässt sich jedoch nicht genau messen.[24]

2.5 Determinanten des Wissenstransfers

Abb. 2 Grundmodell des Wissenstransfers

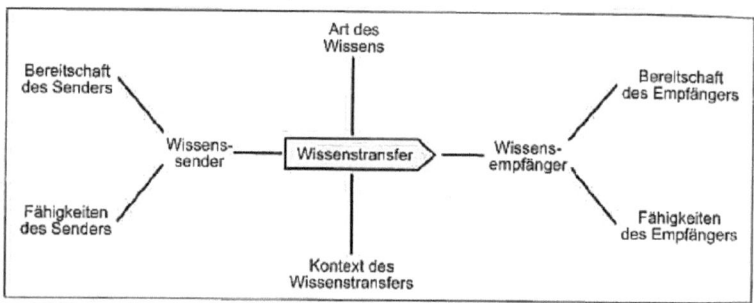

nach I. Liefner / L. Schätzl, 2012, S. 156

Dieses Modell zeigt die Effektivität von nicht-physischem Wissen auf und gibt damit einen Erklärungsansatz für die dabei entstehenden Kosten. Dabei werden jedoch nicht die Ursachen und Wirkungen des Wissenstransfers erklärt. Die Effektivität und damit auch die Kosten des Transfers werden dabei von sechs Determinanten beeinflusst: die Art des Wissens, welches

---

[21]: vgl. Liefner / Schätzl, 2012, S. 154-155.

[22]: vgl. H. Pack / K. Saggi, 1997: Inflows of Foreign Technology and Indigenous Technological Development, In: Review of Development Economics 1, S. 81-98, hier S. 83; D. C. Mowery / J. E. Oxley, 1995: Inward Technology Transfer and Competitiveness: The Role of National Innovation Systems, In: Cambridge Journal of Economics 19, S. 67-93, hier S. 71-75; vgl. Liefner / Schätzl, 2012, S. 155.

[23]: vgl. D. C. Mowery / J. E. Oxley, 1995, S. 76-77; vgl. Liefner / Schätzl, 2012, S. 155.

[24]: vgl. M. Blomström / A. Kokko, 2001, S. 439; gl. Liefner / Schätzl, 2012, S. 155.

transferiert werden soll, der Kontext des Wissenstransfers, die Fähigkeiten des Wissensgebers und die Motivation des Wissensgebers, sowie die des Wissensempfängers.

Zur Erläuterung der Determinanten soll von einem Beispiel ausgegangen werden, bei dem Wissen von einem Mutterunternehmen an das Tochterunternehmen transferiert wird, wobei das Mutterunternehmen der Tochterfirma technologisch überlegen ist:

Art des Wissens:

Implizites Wissen stellt sich als problematisch dar, weil dabei schwer auszumachen ist, welches Wissen die Routine auszeichnet. Das können enthaltene Ressourcen, Personen oder auch Teilhandlungen der Routine sein. Es kann passieren, dass der Wissenssender es in diesem Fall nicht schafft die zu transferierenden Wissensbestandteile zu bestimmen, sodass es somit auch nicht zum Transfer kommt.

Hat sich Wissen allerdings schon in anderen vorherigen Transferaktionen als nutzbar erwiesen oder handelt es sich um etabliertes Wissen, wird dieses es auch zukünftig leicht haben.[25] Dagegen sind neue Routinen schwerer und teurer zu transferieren.[26]

Kontext des Wissenstransfers:

Hier sind formale Strukturen innerbetrieblich entscheidend. Es geht darum, wie die Koordination gestaltet wird, wie sich das Verhalten der am Transfer beteiligten Personen und die Qualität ihres Kontakts zueinander darstellt. Sogar politische Einflussgrößen des Sender- und Empfängerumlandes werden dazu gezählt.[27]

Fähigkeit des Wissenssenders:

Faktoren, die die Qualität der Vermittlung beeinflussen können, sind Erfahrungen des Senders

---

[25]: vgl. G. Szulanski, 1996: Exploring Internal Stickiness: Impediments to the Transfer of Best Practice within the Firm, In: Strategic Management Journal 17, S. 27-43, hier S. 31; vgl. Liefner / Schätzl, 2012, S. 157.

[26]: vgl. D. J. Teece, 1977, S. 249; vgl. Liefner / Schätzl, 2012, S. 157.

[27]: vgl. S. Young / P. Lan, 1997: Technology Transfer to China through Foreign Direct Investment, In: Regional Studies 31, S. 669-679, hier S. 671-672; vgl. Liefner / Schätzl, 2012, S. 157.

mit vorherigen Transfers, sowie die Möglichkeit des Senders kompetentes und mobiles Personal einzusetzen.[28]

Motivation des Wissenssenders:

Die Bereitschaft zur Wissensweitergabe hängt davon ab, inwieweit der Wissensempfänger nach dem Transfer eine Konkurrenz darstellen könnte. Auch muss der Schutz des Wissens am Standort des Wissensempfängers gewährleistet sein, um eine Absorption durch Dritte zu verhindern.[29] Es kann passieren, dass aus Angst vor einem solchen Verlust lediglich altes, etabliertes und für die Weiterentwicklung des Senderunternehmens nicht relevantes Wissen zur Verfügung gestellt wird.[30]

Fähigkeit und Motivation des Empfängers:

Der Empfänger kann gegen Routinen oder Wissen bewusst oder unbewusst abgeneigt sein, unter Umständen, weil sie einen Charakter des Fremden haben („Not invented here-Syndrom"). Außerdem kann es auch vorkommen, dass die Notwendigkeit von Wissen vom Zielunternehmer unterschätzt wird oder das Vertrauen in die Zuverlässigkeit des Senders nicht genügend vorhanden ist. Alles Gründe, die einen Wissenstransfer behindern.[31]

Wenn schließlich die Erträge aus der Anwendung des neuen Wissens durch den Empfänger die Kosten des Transfers an sich übersteigen, wirkt der Transfer effizient. Durch gezieltes Fördern der einzelnen sechs Einflussfaktoren, lässt sich die Effektivität noch steigern. Das Grundmodell lässt sich auch in umgekehrter Transferrichtung anwenden.

COHEN und LEVINTHAL prägten 1989 den Begriff der Absorptionskapazität. Dieser bezeichnet die Fähigkeit eines Betriebs sich fremdes Wissen anzueignen.[32] Dazu gehört zum einen Wissen aufzunehmen, zum anderen aber auch dieses in das eigene Wissensrepertoire zu integrieren und

---

[28]: vgl. P. Wang / T. Tong / C. P. Koh, 2004: An integrated model of knowledge transfer from MNC parent to China subsidiary, In: Journal of World Business 39, S. 168-182, hier S. 174-175; vgl. Liefner / Schätzl, 2012, S. 157-158.

[29]: vgl. ebd., S. 176; vgl. Liefner / Schätzl, 2012, S. 157.

[30]: vgl. H. Pack / K. Saggi, 1997, S. 90; vgl. Liefner / Schätzl, 2012, S. 157.

[31]: vgl. G. Szulanski, 1996, S. 31; vgl. Liefner / Schätzl, 2012, S. 158.

[32]: vgl. P. Wang et al., 2004, S. 177-178; vgl. Liefner / Schätzl, 2012, S. 158.

es (für betriebliche Prozesse) zu nutzen. Die Absorptionskapazität hängt von zwei Größen des Betriebs ab: dem Humankapital und dem Erfolg in seinem Forschungs- und Entwicklungsbereich. Die FuE kann nicht nur selber neue Produkte und Prozesse entwickeln, sondern erkennt auch das Potenzial und die Notwendigkeit neuen Wissens für zukünftige Prozesse und hilft diese umzusetzen.[33]

Ist die Absorptionskapazität zu gering, der Wissenstransfer hat aber stattgefunden, fehlt das Verständnis dieses umzusetzen und anzuwenden.[34] Das vorgestellte Grundmodell ist stark vereinfacht und in der Realität funktionieren die Einflussgrößen nicht unabhängig voneinander, sondern reagieren wechselseitig aufeinander. Beispielsweise beeinflusst die Fähigkeit eines Beteiligten die Motivation zum Wissenstransfer der jeweils anderen Partei.[35] Das regionale Umfeld der beteiligten Länder wird zwar unter dem Punkt *Kontext des Wissenstransfer* aufgegriffen, bekommt dort aber nicht das richtige Maß an Gewicht. Nationale politische Ereignisse wirken auch auf die Fähigkeit und Motivation einen Wissenstransfer zu vollziehen. Die Absorptionskapazität kann gesteigert werden, wenn Dinge, wie das Forschungs- und Bildungssystem gefördert werden und eine Auslegung auf Kooperation mit Wissenschaft und Unternehmen erhalten.[36]

2.6 Externe Effekte und Wissensspillover

Möchte man die Auswirkungen des Wissenstransfers innerhalb von Unternehmen untersuchen, dient dabei die Auseinandersetzung mit der Spillovertheorie. Die Wissensproduktion bewirkt sogenannte Übergreif- oder Überfließwirkungen. Diese externen Effekte stellen Leistungen für einen einzelnen Akteur oder gesamtwirtschaftlich dar, die keine entgeltliche Gegenleistung erfahren werden. Sprich, es entsteht Nutzen, wo keine Kosten sind. Im Falle der Wissensproduktion ist das externes Wissen, das zum Beispiel einem Unternehmen zugute kommt, weil es das effizient nutzen kann.[37]

Es erscheint offensichtlich, dass Wissenstransfer auch einen Effekt auf das Umfeld des Wissen-

---

[33]: vgl. W. M. Cohen / D. A. Levinthal, 1989: Innovation and Learning: The two Faces of R&D, In: The Economic Journal 99, S. 569-596, hier S. 569-570; vgl. Liefner / Schätzl, 2012, S. 158.

[34]: vgl. K. J. Arrow, 1969, S. 34; vgl. Liefner / Schätzl, 2012, S. 158.

[35]: vgl. G. Szulanski, 1996, S. 31; vgl. Liefner / Schätzl, 2012, S. 158.

[36]: vgl. S. Lall, 1993, S. 100; D. C. Mowery und J. E. Oxley, 1995, S. 82; vgl. Liefner / Schätzl, 2012, S. 158-159.

[37]: vgl. L. Schätzl, 1994: Wirtschaftsgeographie Bd. 3 Politik, S. 18.

14

sempfängers hat, da ein indirekter, anregender Effekt von dem innovativen, produktiven Unternehmen auf seine Region vorstellbar ist.[38] Auch die Theorie geht davon aus, dass es dem Wissensempfänger nicht gelingt das neue Wissen zu nutzen, ohne dabei als Einziger einen wirtschaftlichen Nutzen daraus zu ziehen. Die ihn umgebenden Unternehmen werden ebenso bereichert. Der Wissenssender, der investiert, hat mit diesem regionalwirtschaftlichen Profit für die Zielregion einen externen Effekt ausgelöst, der ihm selbst monetär nicht zugute kommt. Das Wort Spillover beschreibt diese externen Effekte.[39]

Die Spillovertheorie erklärt die wirtschaftlichen Reaktionen einer unternehmerischen Investition für externe Akteure, also seine Umwelt. Dabei kann es sich zum Beispiel um eine Direktinvestition handeln, sprich um das Auftreten eines Tochterunternehmens in einer Region. Es kann sich auch um ein *Joint Venture* oder um eine Übernahme eines schon bestehenden Unternehmens handeln. Dabei muss stets die Voraussetzung gegeben sein, dass überlegenes Wissen von einer Lokalität in eine andere strömt, aber grundsätzlich nicht frei verfügbar ist. Die Folgen auf dieses überlegene Wissen des jeweiligen Akteurs können überlegene Produkte, Produktionsprozesse und/oder Organisation sein.[40]

BLOMSTRÖM und KOKKO[41] unterscheiden zwei Arten von Spilloverreaktionen:

1.) Diese Reaktion bezieht sich auf die veränderte Situation am Markt der Zielregion durch den Eintritt des überlegenen Wissens. Denn dadurch verändern sich die Wettbewerbsbedingungen in der Zielregion, weil das überlegene Unternehmen überlegene Produkte anbieten kann. Die umliegenden Unternehmen aus derselben Branche werden durch dieses attraktive Produktangebot unter Druck gesetzt, was verschiedene Folgen haben kann. Erstens, können sich Unternehmen mit unüberwindbaren Produktivitätsnachteilen nicht am Markt behaupten und scheiden aus dem Markt. Zweitens, können andere Unternehmen sich bemühen mit dem konkurrierenden Unternehmen mitzuhalten, indem sie versuchen die bestehenden Technologien und Ressourcen effizienter zu nutzen. „The spillover of knowledge from the firm or university creating that

---

[38]: vgl. S. Lall, 1993, S. 106; H. Pack / K. Saggi, 1997, S. 84 und 89; vgl. Liefner / Schätzl, 2012, S. 159.

[39]: vgl. M. Blomström / A. Kokko, 1998: Foreign Investment as a Vehicle for International Technology Transfer, In: Navaretti, G. B. (Hrsg.): Creation and Transfer of Knowledge. Berlin, Heidelberg, S. 279-311, hier S. 284; M. Blomström / A. Kokko, 2001, S. 439; H. Görg / D. Greenaway, 2004: Much Ado about Nothing? Do Domestic Firms Really Benefit from Foreign Direct Investment? In: The World Bank Research Observer 19, S. 171-197, hier S. 173; D. C. Mowery und J. E. Oxley, 1995, S. 78-79; vgl. Liefner / Schätzl, 2012, S. 160.

[40]: vgl. Liefner / Schätzl, 2012, S. 160.

[41]: vgl. M. Blomström / A. Kokko, 2001, S. 439; vgl. Liefner / Schätzl, 2012, S. 160.

15

knowledge to a third-party firm is essential to innovative activity."[42] Drittens, können Unternehmen auch direkt in die Entwicklung neuer technologischer Möglichkeiten investieren, um ihre Produktivität zu erhöhen. Dabei kann es zu Imitation der überlegenen Produkte oder Prozesse kommen.[43] Diese Reaktionen können auch zusätzlich bei vor- oder nachgelagerten Branchen auftauchen.[44]

2.) Die andere Reaktion betrachtet die Auswirkungen, die die Integration des neuen Wissens in das regionale Raumwirtschaftssystem hat. Wenn das neue Wissen nun an das Zielunternehmen fließt, soll dieses eigentlich nur ihr zur Verfügung stehen und nicht an die lokale Konkurrenz abfließen, um sich Wettbewerbsvorteile zu sichern. Dazu kann beispielsweise Patentschutz beantragt werden. Jedoch kann das Wissen niemals vollkommen von der lokalen Wirtschaft abgeschirmt werden.[45] Der Teil des Wissens, der zu den umliegenden Unternehmen abdriftet, kann von ihnen zur Verbesserung von Prozessen und Technologien direkt verwendet werden.[46]

Die Theorie sagt also, dass Spillovereffekte die regionale Wirtschaft negativ, wie auch positiv verändern können.

2.7 Kritik an der Spillovertheorie

Untersuchungen zu der Spillovertheorie in der Empirie kommen zu gegensätzlichen Ergebnissen.[47] Spillovereffekte scheinen nicht nur von den Prozessen des Wissensabflusses abzuhängen, sondern auch von der Absorptionskapazität der umliegenden Firmen. Ist der Wissensabfluss vorhanden, aber die Absorptionskapazität gering, können die Firmen das Wissen nicht nutzen.[48] Die Absorptionskapazität hängt wiederum vom Entwicklungsstand des regionalen Umfeldes und dem Bildungsstand des Personals ab.[49]

---

[42]: G. L. Clark / M. P. Feldman / M. S. Gertler, 2009, S. 343.

[43]: vgl. H. Görg / D. Greenaway, 2004, S. 173; D. C. Mowery und J. E. Oxley, 1995, S. 79; vgl. Liefner / Schätzl, 2012, S. 161.

[44]: vgl. Liefner / Schätzl, 2012, S. 161.

[45]: vgl. M. Blomström / A. Kokko, 2001, S. 440; vgl. Liefner / Schätzl, 2012, S. 161.

[46]: vgl. Liefner / Schätzl, 2012, S. 161.

[47]: vgl. H. Görg / D. Greenaway, 2004, S. 177-178; vgl. Liefner / Schätzl, 2012, S. 163.

[48]: vgl. ebd., S. 180; vgl. Liefner / Schätzl, 2012, S. 163.

[49]: vgl. D. C. Mowery / J. E. Oxley, 1995, S. 82; vgl. Liefner / Schätzl, 2012, S. 163.

Die Annahmen der Theorie seien zu optimistisch, vor allem in Bezug auf die Qualität des Wissens. Dazu schreibt auch LALL[50], dass Mutterfirmen oft die Vermittlung von Routinen vernachlässigen. Diese sind aber bedeutend für Innovationsprozesse. Stattdessen werden Ergebnisse transferiert, die nicht zur Entwicklung neuer Ideen beitragen.)

3. Empirisches Beispiel: Universität Potsdam – Fusion des Wissenstransfers

3.1 Einleitung

Die Universität Potsdam bezeichnet sich auf ihrer Webseite als eine „unternehmerische" Hochschule. Das heißt, sie versteht sich auf der einen Seite als Aus- und Weiterbildungsstätte, auf der anderen Seite als Unternehmen. Der Grund dafür ist ihr Kooperationsnetzwerk aus verschiedenen außeruniversitären regionalen, nationalen und auch internationalen Unternehmen und Gesellschaften und ihrer eigenen gemeinnützigen Tochtergesellschaft („UP Transfer GmbH"). Aus diesem Geflecht bildet die Universität ein universitätsinternes Gründer- und Transferzentrum („Potsdam Transfer"), welches durch die Kreativität und die Ideen ihrer Studierenden, Mitarbeitenden und Alumni belebt wird. So ist es der Hochschule möglich im internationalen Wettbewerb mit einer starken Innovationskultur und einer interdisziplinären Forschung zu konkurrieren. „Die Hochschule versteht sich dabei selbst als Katalysator für die Entwicklung und Förderung neuer Ideen und entwickelt so aktiv ihr Selbstverständnis als unternehmerische Universität. Sie stellt sich ihrer gesellschaftlichen Verantwortung als Innovationsmotor und wirtschaftlicher Wachstumskern."[51]

3.1 Forschung, Wissenschaft und Lehre

An der Universität Potsdam findet Wissenstransfer in Form von Fort- und Weiterbildung, Auftragsforschung und Forschungskooperationen mit außeruniversitären, rein marktwirtschaftlich agierenden Unternehmen in Richtung der Studierenden, Mitarbeitenden sowie Alumni statt. Ganz explizit gestaltet sich dieses Angebotsspektrum beispielsweise indem an der Universität versucht wird eine Gründungskultur zu etablieren. Das beinhaltet die Stärkung von unternehmerischem Verhalten und wird durch Maßnahmen wie Gründer- und Invention-Wettbewerbe, Promotorengewinnung und -einsatz, sowie durch die Vermittlung von positiven Erfahrungen

---

[50]: vgl. S. Lall, 1993, S. 103; vgl. Liefner / Schätzl, 2012, S. 163.

[51] : https://www.uni-potsdam.de/wirtschaft-und-transfer/unternehmerische-universitaet/uebersicht.html (Stand vom 04.07.2015).

erfolgreicher Unternehmensgründer aus der Wissenschaft umgesetzt. Zudem hat sich eine sogenannte „Entrepreneurship Academy" etabliert. Diese möchte eine Elite an Gründerpersönlichkeiten qualifizieren. Dort werden wichtige Fachkompetenzen und Grundlagen für Gründungsaktivitäten vermittelt und bestimmte Persönlichkeitsmerkmale gefördert.

Es gibt aber auch einen Austausch zwischen der Universität und verschiedenen anderen Institutionen bzw. zwischen den jeweiligen Mitarbeitern beider Parteien:

„Seit Anfang 2009 existiert das Forschungsnetzwerk pearls, in dem die Universität mit 17 außeruniversitären Einrichtungen der großen Forschungsgemeinschaften einen Verbund eingegangen ist. Damit einher gehen Clusterbildungen, z.B. in den Bereichen Medizintechnik/Gesundheit, Energie, Medien/Informations- und Kommunikationstechnologie, Geowissenschaften/Klima und Umwelt, Optik und Nanotechnologie. Sie sind als Spitzencluster zwischen Wissenschaft und Wirtschaft geplant."[52]

Dieser kontinuierliche Wissens- und Forschungstransfer intrainstitutionell und mit der Wirtschaft fördert die Innovationskultur. Ein weiterer positiver Spillovereffekt ist die quantitative Steigerung von Gründungsvorhaben aus der Universität, was wiederum den Wissens- oder Technologietransfer aus der universitären Forschung in die Wirtschaft befördert.[53]

3.3 Wirtschaft und Transfer

Ein anderer Teil des gesamten Wissenstransfer aus dem Bereich der Universität Potsdam findet während der Gründerprozesse statt. Die Einrichtung der Universität in diesem Rahmen nennt sich „Potsdam Transfer" und bildet ein Gründer- und Transferzentrum, welches einen Service in den Bereichen Gründung und Transfer bietet, sowie ein Gründer-Team-Matching und Junior- und Senior Experten.[54]

Die aktive Unterstützung des Universitätspersonals bei Unternehmensneugründungsinteresse und Spin-offs (Ausgründungen) durch den Gründerservice wird durch folgende wissensbasierte Formen des Inputs unterstützt: allgemeine Beratung der Interessierten, angepasstes Lehrangebot, Schlüsselqualifikationen und anderweitige Weiterbildungsangebote, Wettbewerbssituatio-

---

[52] : https://www.uni-potsdam.de/wirtschaft-und-transfer/unternehmerische-universitaet/exist-gruendungskultur-die-gruenderhochschule.html (Stand vom 04.07.2015)

[53]: vgl. ebd.

[54]: vgl. https://www.uni-potsdam.de/wirtschaft-und-transfer/gruender-und-transferzentrum/uebersicht.html (Stand vom 05.07.2015).

nen Veranstaltungen des Austauschs, Fördermöglichkeiten und Betreuungsangeboten zur Finanzierung und zur Niederlassung.[55]

Bei dem Transferservice der Universität Potsdam geht es im Allgemeinen um einen regen Wissens- und Technologietransfer mit der Wirtschaft. Im Speziellen beinhaltet das zum einen Vertrags- und Projektmanagement. Dieses soll zur Initiierung von Forschungs- und Entwicklungsprojekten zwischen der Hochschule und kleinen und mittleren Unternehmen der Region beitragen, sodass es an dieser Stelle zu einem wissenschaftlichen Wissensaustausch führt. Die universitäre Tochtergesellschaft „UP Transfer Gesellschaft für Wissens- und Technologietransfer mbH" gibt dabei eine Hilfestellung. Die Projektentwicklung wird von Seiten der Universität mittels Kontaktherstellung und (Fördermittel-)Beratung unterstützt.[56]

Zum anderen verfügt der Transferservice über ein Technologiescouting. Es analysiert die Transferrelevanz des universitären Wissens in Bezug auf den momentanen oder zukünftigen Marktbedarf. Wenn ein Transferbedarf mit einem Kooperationspartner in einem anderen Forschungsteam oder Unternehmen besteht, weisen die Scouts auf eine systematische und strukturierte Dokumentation des technologierelevanten Wissens hin, um die Verwertungsschritte möglichst erfolgreich vollziehen zu können.[57]

Außerdem enthält der Transferservice einen Patent- und Lizenzservice[58] und das „Service Center für Lebenslanges Lernen". Das ist ein transnationales Projekt, welches die Universität europaweit mit universitären Partnern verbindet und somit komplementäre Erfahrungstransfers durch wechselseitige Hospitationen und Workshops ermöglicht. So kommt es nicht nur zu akademischer Weiterbildung, sondern zum Hinterfragen und Korrigieren von regional verhafteten Arbeitsprozessen und -vorstellungen.[59]

Das Gründer-Team-Matching soll verschiedene Personen oder Gruppen mit passenden Gründerinteressen zusammenbringen, sodass das entstandene Team von den individuellen Fähigkeiten, Organisations- und Erfahrungswissen seiner Mitglieder profitiert, wodurch sich die Chance

---

[55]: vgl. http://www.potsdam-transfer.de/startupmain (Stand vom 05.07.2015).

[56]: vgl. http://www.potsdam-transfer.de/transfer/projektentwicklung (Stand vom 05.07.2015).

[57] : vgl. https://www.uni-potsdam.de/wirtschaft-und-transfer/gruender-und-transferzentrum/transferservice.html (Stand vom 05.07.2015).

[58]: vgl. http://www.potsdam-transfer.de/transfer/patentservice (Stand vom 05.07.2015).

[59]: vgl. http://www.potsdam-transfer.de/transfer/service-center-fuer-lebenslanges-lernen (Stand vom 06.07.2015).

einer erfolgreichen Gründung verbessern kann.[60]

In dem Junior- und Senior-Experten-Programm können Gründerinnen und Gründer aus dem Erfahrungswissen und dem Lagebericht der ehrenamtlichen Experten schöpfen.[61]

3.4 Aus Sicht der externen Unternehmen

Die Beteiligung der Unternehmer an den zahlreichen Kooperationsformaten der Universität Potsdam ist in den meisten Fällen nicht auf Gemeinnützigkeit zurückzuführen. Als Teil des „Partnerkreis Industrie und Wirtschaft"[62] sehen sie ihren Vorteil darin ihre eigenen Marktanteile auszubauen und am Markt konkurrieren zu können. Die Universität bietet ihnen neben den Forschungskooperationen auch ihr technisches Wissen in Form von Forschungsabteilungen, sodass die Partnerunternehmen auf eigene Forschungsabteilungen nicht mehr angewiesen sind. Das lohnt sich vor allem für kleine und mittlere Unternehmen, da sie sich eine eigene Forschungsabteilung in der Regel nicht leisten können.[63] Auch den Unternehmern und Gesellschaftlern nützen die Aus- und Weiterbildungsangebote[64], Austauschplattformen und Portale der Hochschule, auf denen Praktika und Stellenangebote für ein großes Zielpublikum veröffentlicht werden können, um Fachkräfte zu finden und als Humankapital in die regionale Wirtschaft transferieren zu können.[65]

Dieselben Angebote erhalten auch Förderer eines Deutschlandstipendiums. Durch diesen Ehrenposten kann ein Unternehmer sich außerdem als attraktiven Arbeitgeber präsentieren.[66]

---

[60] : vgl. https://www.uni-potsdam.de/wirtschaft-und-transfer/gruender-und-transferzentrum/gruender-team-matching.html (Stand vom 06.07.2015).

[61] : vgl. https://www.uni-potsdam.de/wirtschaft-und-transfer/gruender-und-transferzentrum/junior-und-senior-experten.html (Stand vom 06.07.2015).

[62] : https://www.uni-potsdam.de/wirtschaft-und-transfer/foerdern-und-stiften/partnerkreis-industrie-und-wirtschaft.html (Stand vom 06.07.2015).

[63] : vgl. A. Backhaus, 2000: Öffentliche Forschungseinrichtungen im regionalen Innovationssystem: Verflechtungen und Wissenstransfer – Empirische Ergebnisse aus der Region Südostniedersachsen, S. 23.

[64] : vgl. https://www.uni-potsdam.de/wirtschaft-und-transfer/unternehmensservice/uebersicht.html (Stand vom 06.07.2015).

[65] : vgl. https://www.uni-potsdam.de/wirtschaft-und-transfer/unternehmensservice/recruiting.html (Stand vom 06.07.2015).

[66] : vgl. https://www.uni-potsdam.de/wirtschaft-und-transfer/foerdern-und-stiften/deutschlandstipendium.html (Stand vom 06.07.2015).

3.5 Fazit aus dem empirischen Beispiel

Bei einem Versuch die verschiedenen Wissenstransferflüsse, die in dem empirischen Fallbeispiel auftauchen, den bestimmten Dimensionen zuzuordnen, kommt man auf das Ergebnis, dass hier alle Dimensionen, organisatorisch, wie auch räumlich, vertreten sind. Intrafirmentransfer, oder besser gesagt, Intrainstitutionentransfer findet innerhalb der Universität zwischen Universität und Personal (1) und innerhalb des Personals (2) statt. Interfirmentransfer (oder Interinstitutionentransfer) ist innerhalb des Forschungsnetzwerks *pearls* oder zwischen verschiedenen Hochschulen (3) vorhanden. Und der Interinstitutionentransfer geschieht zwischen dem universitären Personal und den verschiedenen Unternehmen (4), sowie von der Hochschule zu diesen in Form von Aus- und Weiterbildung (5). Ebenso tauchen alle räumlichen Dimension auf: intraregional, interregional und international, wenn es zu Forschungskooperationen mit international agierenden Unternehmen kommt.

Auch bei der Bestimmung der Transferkanäle, also der Steuerungsform und dem Grad der Aktivität des Wissensgebers, sollen die fünf verschiedenen Wissenshauptströme der Universität Potsdam analysiert werden.

(1) Soweit bekannt ist, gibt es keine monetären Leistungen, höchstens Richtlinien zur Erbringung von Studienleistungen durch die Studierenden. Die Verwendung des transferierten Wissens von der Universität an das Personal ist nicht wirklich kontrollierbar. Wettbewerbe, Veranstaltungen in bestimmten Rahmen und Credit Points durch Ausgründungen sind Versuche der Hochschule den Einsatz des ausgesendeten Wissens einzugrenzen. Die Forschungsergebnisse der universitären Mitarbeiter stehen der Universität im gewissen Grad zur Verfügung (Patentschutz).

(2) Auch hier gibt es keine geldlichen Gegenleistungen und die Kontrolle über das ausgetauschte Wissen ist sehr gering.

(3) Soweit bekannt ist, liegt das Hauptaugenmerk auf der Steigerung der Innovationsaktivitäten der Institutionen, sodass der Transfer nicht über den Markt geregelt wird. Die Wissensgeber aller Seiten können auch hier eingeschränkt aktiv sein, ähnlich wie bei (1).

(4) Der Transfer gestaltet sich heruntergebrochen in etwa so: Das Personal der Hochschule profitiert vom Erfahrungswissen der Unternehmer, die Unternehmer erhalten im Gegenzug Forschungswissen und potentielle zukünftige Fachkräfte. Daraus ist keine Marktsteuerung ersichtlich. Das transferierte Forschungswissen kann durch Patente beeinflusst werden, jedoch nicht der transferierte Erfahrungsschatz.

(5) Es kann sich hier um einen marktgesteuerten und um einen nicht-marktgesteuerten Wissenstransfer handeln, je nachdem ob das Unternehmen/die Gesellschaft Fördergelder zahlt oder nicht. Die Hochschule bietet „als vorrangige[r] Erzeuger Wissen auf dem Markt an"[67], in Form von Aus- und Weiterbildungen, Forschungsinhalten und qualifiziertem Humankapital. Dieser Wissenskanal ist teils passiv (Aus-/Weiterbildung), teils relativ aktiv (Patente).

Das Konzept *Universität Potsdam* des Fallbeispiels und seine fünf Wissenshauptströme verdeutlicht die folgende Grafik.

Abb. 3: Konzept Universität Potsdam und ihre fünf Wissenshauptströme

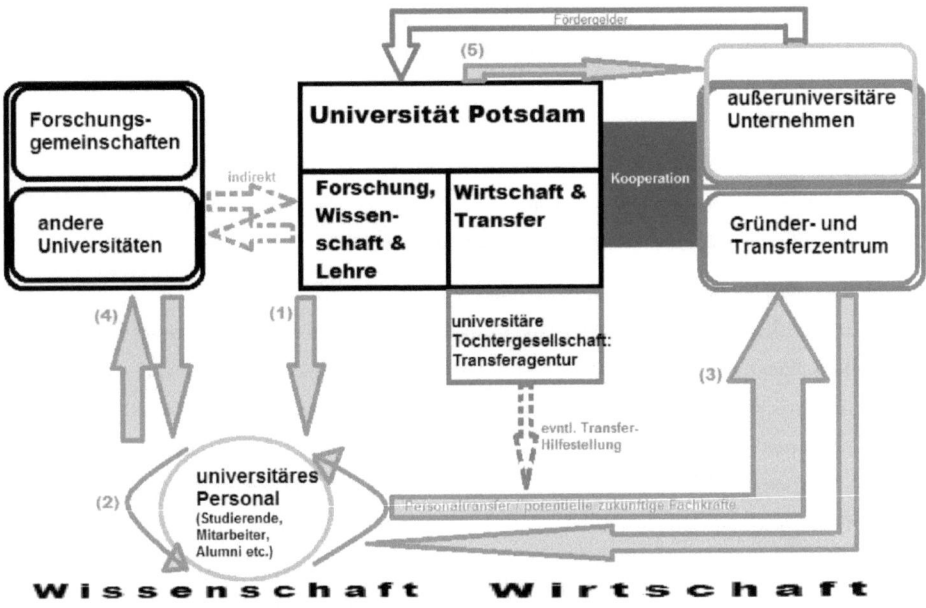

Legende: grüne Pfeile → Wissenstransfer; Quelle: eigene Darstellung.

Das Resultat der Analyse ist, dass es sich bei den meisten Wissenstransfers „um eine freiwillige Form der Zusammenarbeit zwischen zwei oder mehreren rechtlich und wirtschaftlich weitgehend unabhängigen Institutionen handelt, bei der zum Zwecke einer effektiveren Zielerreichung

---

[67]: A. Backhaus, 2000: Öffentliche Forschungseinrichtungen im regionalen Innovationssystem: Verflechtungen und Wissenstransfer – Empirische Ergebnisse aus der Region Südostniedersachsen, S. 25.

die Beteiligten bestimmte Arbeitsschritte gemeinsam realisieren".[68] Wissenstransfer, der nach dem Marktmechanismus geregelt ist, ist hier eher Ausnahmefall und zusätzlich durch das Kooperationsnetzwerk mit ökonomischen und sozialen Faktoren angereichert.[69] Es wird deutlich, dass die Akteursnähe in diesem Netzwerk (nicht die geographische) beidseitig die Beziehungsresultate positiv fördern: Das Verhältnis basiert auf einer Vertrauensgrundlage, wodurch die Bereitschaft für eine intensive Kommunikation gezwungenermaßen vergrößert wird. Außerdem werden Lernprozesse gemeinsam vollzogen, parallel verlaufende wirtschaftliche und wissenschaftliche Doppelarbeiten vermieden und „über den Markt verbundene[...] Transaktionskosten [können] erheblich vermindert werden"[70]. Letztendlich steigert die Ergänzung des Marktmechanismus durch einen Kooperationsmechanismus die innovationspotentielle Auslastung des Verhältnisses aus Anbieter und Nachfrager des Wissensmarktes.

4. Schluss

Dass die Universität Potsdam im Innovationsbereich stark vernetzt ist, haben die Erläuterung aus Kapitel 3 gezeigt. Deutlich wurde dabei auch, dass eine intensive Vernetzung der wissenschaftlichen und wirtschaftlichen Aspekte heutzutage fast nicht mehr wegzudenken ist.

Ziel einer Verbundforschung, wie sie hier zwischen der Universität Potsdam und vielen verschiedenen Parteien stattfindet, ist die Realisierung von Innovationen. Die daraus entstehenden Forschungsprojekte können einen vorwettbewerblichen Charakter haben, ihre Fragestellungen und Arbeitsschwerpunkte werden allerdings arbeitsteilig bearbeitet. Die Zielsetzung der Zusammenarbeit, die Realisierung von Innovationen, basiert auf dem Bestreben nach Wettbewerbsfähigkeit bzw. „Qualifizierung des Humankapitals in Verbindung mit der 'Vermarktung' ihrer Forschungsergebnisse"[71]. Das geschieht auf der Grundlage der Aufhebung von der traditionellen Aufteilung in Grundlagenforschung, angewandter Forschung und Produkt- und Verfahrensentwicklung. Die Fragestellungen sind meist interdisziplinär angesiedelt, sodass eine Fusion der Institutionen nahe liegt.[72]

---

[68]: A. Backhaus, 2000: Öffentliche Forschungseinrichtungen im regionalen Innovationssystem: Verflechtungen und Wissenstransfer – Empirische Ergebnisse aus der Region Südostniedersachsen, S. 27.

[69]: vgl. ebd.

[70]: A. Backhaus, 2000: Öffentliche Forschungseinrichtungen im regionalen Innovationssystem: Verflechtungen und Wissenstransfer – Empirische Ergebnisse aus der Region Südostniedersachsen, S. 30.

[71]: ebd., S. 24.

[72]: vgl. ebd., S. 22.

In diesem Fall finden die Übertragungen von Wissen sehr effizient durch zahlreiche Kooperationsformen[73] statt: Informations- und Erfahrungsaustausch, Nutzung von Laboratorien und Apparaturen, gemeinsame Forschung&Entwicklung, Personaltransfer, Beratung und Gutachten. Die Austauschbeziehungen sind oft rückkoppelnd und interdependent konstruiert, sodass jede Partei mal die Funktion des Wissensgebers hat, aber gleichzeitig auch das Wissen des anderen nutzt. „Die Zieldimensionen der beiden Akteursgruppen weisen ausreichende Deckungsgleichheiten auf, um eine gemeinsame, auf Synergieeffekte ausgerichtete Basis der Zusammenarbeit zu finden."[74] Dabei erzeugt die Forschungseinrichtung der Hochschule durch Qualifizierung und Bildung des wissenschaftlichen Personals (Studierenden, Mitarbeiter, Alumni und sogar Unternehmer aus dem Partnerkreis) die Grundlage zur Innovationsleistung einer Region.

---

[73]: siehe ebd., S. 31.

[74]: A. Backhaus, 2000: Öffentliche Forschungseinrichtungen im regionalen Innovationssystem: Verflechtungen und Wissenstransfer – Empirische Ergebnisse aus der Region Südostniedersachsen, S. 24.

24

Anhang

Literaturverzeichnis

A. BACKHAUS, 2000: Öffentliche Forschungseinrichtungen im regionalen Innovationssystem: Verflechtungen und Wissenstransfer – Empirische Ergebnisse aus der Region Südostniedersachsen.

D. BURGER, 2011: Computergestützter organisationaler Wissenstransfer und Wissensgenerierung. Ein Experteninterview basierter Forschungsansatz.

G. L. CLARK / M. P. FELDMAN / M. S. GERTLER (Hrsg.), 2009: The Oxford Handbook of Economic Geography.

M. HAGEN, 2006: Wissenstransfer aus Universitäten als Impulsfaktor regionaler Entwicklung: ein institutionenökonomicher Ansatz am Beispiel der Universität Bayreuth.

A. KIRCH / A. MITTAG, 2010: Wissens- und Technologietransfer an den Potsdamer Hochschulen. In: M. ROLFES / J. RÖPCKE / K. ROZANSKI (Hrsg.): Regionale Bedeutung von Hochschulen und Forschungseinrichtungen - Das Beispiel Potsdam = Regional significance of universities and research institutions – the case study Potsdam.

P. KRUGMAN, 1991: Geography and Trade.

S. KUTTRUFF, 1994: Wissenstransfer zwischen Universität und Wirtschaft. Modellgestützte Analyse der Kooperation und regionale Strukturierung – dargestellt am Beispiel der Stadt Erlangen.

I. LIEFNER, 2006: Ausländische Direktinvestitionen und internationaler Wissenstransfer nach China.

I. LIEFNER / L. SCHÄTZL, 2012: Theorien der Wirtschaftsgeographie.

V. LO / E. W. SCHAMP (Hrsg.), 2003: Knowledge, Learning, and Regional Development.

R. RAUTER, 2013: Interorganisationaler Wissenstransfer. Zusammenarbeit zwischen Forschungseinrichtungen und KMU.

M. RIMKUS, 2008: Wissenstransfer in Clustern. Eine Analyse am Beispiel des Biotech-Standorts Martinsried.

L. SCHÄTZL, 1994: Wirtschaftsgeographie Bd. 3 Politik.

H. SCHMID, 2013: Barrieren im Wissenstransfer. Ursachen und deren Überwindung.

C. P. WARTH, 2012: Wissenstransferprozesse in der Automobilindustrie. Entwicklung eines ganzheitlichen Modells auf der Grundlage einer Praxisfallstudie.

Internetquellen

http://www.potsdam-transfer.de/startupmain (Stand vom 05.07.2015)

http://www.potsdam-transfer.de/transfer (Stand vom 05.07.2015)

http://www.potsdam-transfer.de/transfer/patentservice (Stand vom 05.07.2015)

http://www.potsdam-transfer.de/transfer/projektentwicklung (Stand vom 05.07.2015)

http://www.potsdam-transfer.de/transfer/service-center-fuer-lebenslanges-lernen (Stand vom 06.07.2015)

http://www.potsdam-transfer.de/transfer/transfermarketing (Stand vom 05.07.2015)

https://www.uni-potsdam.de/wirtschaft-und-transfer/foerdern-und-stiften/deutschlandstipendium.html (Stand vom 06.07.2015)

https://www.uni-potsdam.de/wirtschaft-und-transfer/foerdern-und-stiften/partnerkreis-indust-rie-und-wirtschaft.html (Stand vom 06.07.2015)

https://www.uni-potsdam.de/wirtschaft-und-transfer/gruender-und-transferzentrum/gruender-team-matching.html (Stand vom 06.07.2015)

https://www.uni-potsdam.de/wirtschaft-und-transfer/gruender-und-transferzentrum/gruender-service.html (Stand vom 05.07.2015)

https://www.uni-potsdam.de/wirtschaft-und-transfer/gruender-und-transferzentrum/junior-und-senior-experten.html (Stand vom 06.07.2015)

https://www.uni-potsdam.de/wirtschaft-und-transfer/gruender-und-transferzentrum/transfer-service.html (Stand vom 05.07.2015)

https://www.uni-potsdam.de/wirtschaft-und-transfer/gruender-und-transferzentrum/ueber-sicht.html (Stand vom 05.07.2015)

https://www.uni-potsdam.de/wirtschaft-und-transfer/unternehmensservice/recruiting.html (Stand vom 06.07.2015)

https://www.uni-potsdam.de/wirtschaft-und-transfer/unternehmensservice/uebersicht.html (Stand vom 06.07.2015)

https://www.uni-potsdam.de/wirtschaft-und-transfer/unternehmerische-universitaet/exist-gru-endungskultur-die-gruenderhochschule.html (Stand vom 04.07.2015)

https://www.uni-potsdam.de/wirtschaft-und-transfer/unternehmerische-universitaet/ueber-sicht.html (Stand vom 04.07.2015)